Bibliographic information published by the German National Library:

The German National Library lists this publication in the National Bibliography; detailed bibliographic data are available on the Internet at http://dnb.dnb.de .

Imprint:

Print and binding: Books on Demand GmbH, Norderstedt Germany
ISBN: 9783668550032

This book at GRIN:

http://www.grin.com/bs/e-book/375545/analiza-potrosnje-jednog-industrijskog-potrosaca-zalmo-d-o-o-mostar

Haris Čapelj, Nađa Miletić, Azra Penava, Alma Horo, Zlatko Bošnjić, Amar Saradak, Ensar Hasanbegović, Benjamin Arslanagić

Analiza potrošnje jednog industrijskog potrošača . "Zalmo" d.o.o. Mostar

Detaljna analiza potrošača sa predloženim mjerama za uštedu električne energije industrijskog potrošača

GRIN Publishing

ANALIZA POTROŠNJE JEDNOG INDUSTRIJSKOG POTROŠAČA – „ZALMO“ d.o.o. MOSTAR

UPRAVLJANJE POTROŠNJOM ELEKTRIČNE ENERGIJE
ETF EEI UPEE 3630

		Prezime i ime studenata	
		1. Nađa Miletić 2. Azra Penava 3. Alma Horo 4. Zlatko Bošnjić 5. Amar Saradak 6. Haris Čapelj 7. Ensar Hasanbegović 8. Benjamin Arslanagić	

Juni 2017.

ANALIZA POTROŠNJE JEDNOG INDUSTRIJSKOG POTROŠAČA – „ZALMO“ d.o.o. MOSTAR

UPRAVLJANJE POTROŠNJOM ELEKTRIČNE ENERGIJE

ETF EEI UPEE 3630

		Prezime i ime studenata	
		1. Nađa Miletić 2. Azra Penava 3. Alma Horo 4. Zlatko Bošnjić 5. Amar Saradak 6. Haris Čapelj 7. Ensar Hasanbegović 8. Benjamin Arslanagić	

Juni 2017.

UVOD

Ako bi se pokušala formirati lista prioriteta današnjih potreba čovjeka, elektična energija bi zauzimala vrlo visoko mjesto, ako ne i najviše. Život u današnjem vremenu je nezamisliv bez električne energije. Sam tehnološki proces počinje u elektroenergetskom sistemu i to osiguravanjem dovoljne količine primarnih oblika energije, te se nastavlja proizvodnjom električne energije, da bi se završio distribucijom i prenosom električne energije do krajnjih potrošača.

U svim oblastima života danas se uveliko koristi električna energija. A razlog tome je upravo to što je ona jedan oblik korisne energije koji se vrlo lahko i efikasno pretvara u druge oblike korisne energije. Međutim, samim povećanjem životnog standarda ljudi povećava se i potreba za električnom energijom. A potrošači traže pravovremenu količinu energije i po kvalitetu i po kvantitetu. Upravo ta promjenljivost električne energije u druge oblike energije, da bi se zadovoljile potrebe potrošača, za posljedicu ima veliku promjenljivost opterećenja, kako tokom dana tako i tokom sedmice, mjeseca i godine. Ova promjenljivost se javlja kao posljedica da li isključenja ili uključenja potrošača, promjenom temperature itd.

Zbog klimatskih i životnih prilika u kojima žive potrošači električne energije, javljaju se sezonske varijacije potrošnje, i one su ovisne o strukturi potrošača u elektroenergetskom sistemu. Tako je naprimjer potrošnja većine industrijskih potrošača neovisna o sezoni, dok je potrošnja za rasvjetu, grijanje i održavanje zraka u znatnoj mjeri ovisna o godišnjem dobu.
Također postoji i ovisnost dnevne potrošnje o radnoj aktivnosti, odnosno da li je radni ili neradni dan u cikličkom periodu od sedam dana. Krajem sedmice potrebe su u prosjeku manje nego radnim danima, dok se tokom radnog dijela sedmice potrebe postepeno mijenjaju: rastu u ponedjeljak i smanjuju se krajem petka.

U elektroenergetskom sistemu postoji veliki broj različitih potrošača, od kojih svaki različito koristi električnu energiju, pa će i električno opterećenje varirati u elektroenergetskom sistemu u zavisnosti od vremena i mjesta potrošnje [1].

1. STRUKTURA I KARAKTERISTIKE POTROŠNJE

Konzum u širem smislu riječi obuhvata dio teritorije na kojoj se obavlja djelatnost distribucije električne energije i njega čine različiti potrošači podijeljeni po kategorijama [2]. Potrošače je potrebno podijeliti na kategorije zbog svoje brojnosti, te zbog potrebe za jednostavnijim analizama. Jedna od mogućih podjela je sljedeća:

- Domaćinstva;
- Industrija;
- Ostala potrošnja;
- Javna rasvjeta.

Potrošnja koju zahtijeva konzumno područje ima određene karakteristike koje je potrebno što preciznije poznavati, kako bi distributivni sistem dobro funkcionisao.

1.1. Opterećenje

Pod ***opterećenjem*** nekog kupca ili sistema podrazumijeva se opterećenje na njegovim priključcima koje predstavlja srednju vrijednost tokom određenog vremenskog perioda [1]. Električno opterećenje varira u elektroenergetskom sistemu zavisno o vremenu i mjestu potrošnje, tako da proizvodnja, prenos i distribucija u svakom momentu moraju biti spremni da odgovore na zahtjeve kupaca. Zbog toga moderne elektrodistributivne kompanije imaju potrebu za tačnim informacijama o opterećenju radi definisanja cijene električne energije i tarifnog planiranja, upravljanja opterećenjem, definisanja korisničkih usluga, tržišta električne energije, kao i za obezbjeđivanje informacija o opterećenju kupcima i javnosti [3].

1.2. Dijagram opterećenja

Ukoliko predstavimo funkcionalnu ovisnost opterećenja u određenom vremenskom periodu dobijamo vremenski dijagram opterećenja ili kako se najčešće naziva samo ***dijagram opterećenja***. Zavisno o dužini vremenskog intervala u kome se posmatra opterećenje, dijagrami opterećenja najčešće mogu biti dnevni, sedmični, mjesečni i godišnji, mada je moguće prikazivanje opterećenja kako u kraćim tako i u dužim vremenskim intervalima.

Dnevni dijagram, ili snaga potrošnje koja se ucrtava na dijagram može biti usrednjena vrijednost od 15 min, pola sata ili jedan sat [1]. Ovaj dijagram je ovisan o strukturi potrošača u elektroenergetskom sistemu i kao takav okarakterisan je maksimalnim opterećenjam (P_{max}), minimalnim opterećenjem (P_{min}), ukupnom dnevnom potrošnjem (W_d) te faktorom opterećenja (m). ***Kriva trajanja opterećenja*** sadrži iste informacije kao i dijagram opterećenja, samo su vrijednosti opterećenja u posmatranom intervalu poredani od maksimalne do minimalne vrijednosti, bez obzira na vremenske trenutke njihovih pojavljivanja. Ovi dijagrami prikazani su na Slici 1.a i Slici 1.b.

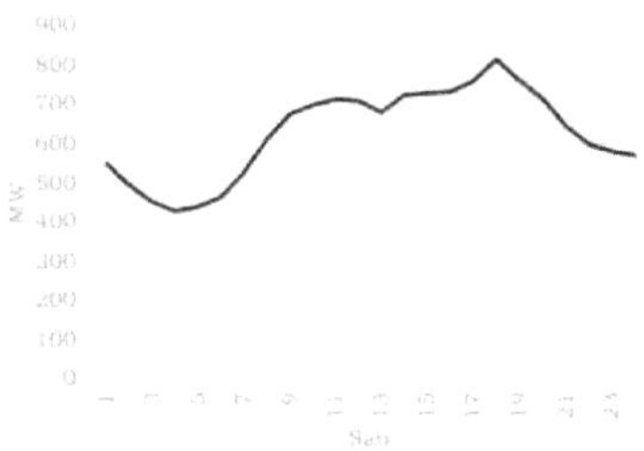

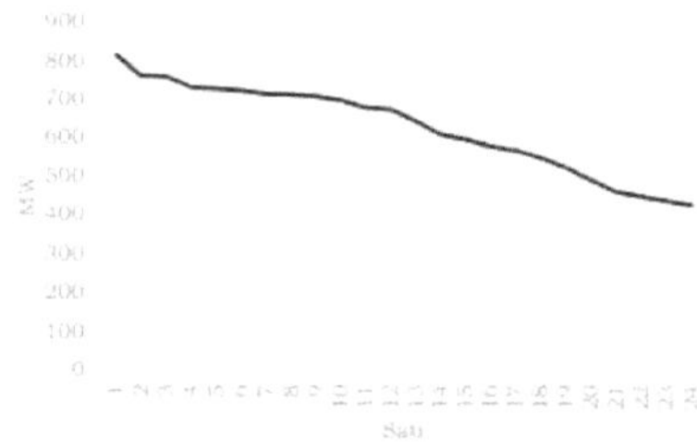

Slika 1.a: Vremenski dijagram opterećenja   Slika 1.b: Kriva trajanja opterećenja [1]

Faktor opterećenja se izračunava kao omjer ostvarene potrošnje energije i energije koja se mogla ostvariti da je elektroenergetski sistem bio opterećen u cijelom vremenskom intervalu maksimalnim opterećenjem. Izraz glasi:

$$m = \frac{W_d}{24 P_{\max}}, \tag{1}$$

pa faktor opterećenja može poslužiti kao pokazatelj iskoristivosti postrojenja elektroenergetskog sistema. Dnevni dijagram opterećenja može se podijeliti na dva načina:

- po trajanju opterećenja,
- po tipu opterećenja.

Ako se dnevni dijagram opterećenja podijeli po trajanju opterećenja, mogu se uočiti dva karakteristična razdoblja:

- razdoblje visokih i
- razdoblje niskih opterećenja.

Granica između ta dva razdoblja kao i trajanje tih razdoblja nisu tačno određeni jer ovise o obliku dijagrama opterećenja, odnosno o karakteristikama potrošnje u elektroenergetskom sistemu. Ako se dnevni dijagram opterećenja podijeli prema tipu opterećenjima, pretpostavka je da se može naći jedno opterećenje koje je konstantno, a preostalo opterećenje da varira od konstantnog do maksimalnog opterećenja. Podjela dijagrama opterećenja na varijabilni i konstantni dijagram opterećenja okarakterisana je sa tri veličine: maksimalnim opterećenjem (P_{max}), konstantnim opterećenjem (P_k) i ukupnom potrebnom dnevnom energijom (W_d). Ako konstantno opterećenje označimo s P_k, tada je konstantna energija:

$$W_k = 24 P_k \tag{2}$$

Razlika između ukupne potrebne dnevne energije (W_d) i konstantne energije jest varijabilna energija (W_v). Prema tome je:

(3)

$W_v = W_d - W_k$

Analogno računanju varijabilne energije računa se i varijabilna snaga P_v iz izraza:

$$P_v = P_{max} - P_k \quad (4)$$

Važna karakteristika dijagrama opterećenja je ***vršno opterećenje*** [1]. Za nalaženje vršnog opterećenja koriste se uglavnom tri metode:

- metoda na bazi vjerovatnoće upotrebe pojedinih aparata;
- analitički postupci (Rusckov obrazac) i
- metode na bazi poznavanja potrošene električne energije, odnosno korelacije snaga – energija [2].

Najmanje se primjenjuju metode na bazi vjerovatnoće upotrebe pojedinih aparata, i domen njihove primjene se svodi na istraživanje uticaja pojedinih potrošača na vršno opterećenje. Metode zasnovane na poznavanju potrošene električne energije nalaze sve veću primjenu zahvaljujući stalnom dopunjavanju baza podataka i sve većem korištenju računara. Na slici 2. su prikazane prethodno navedene veličine:

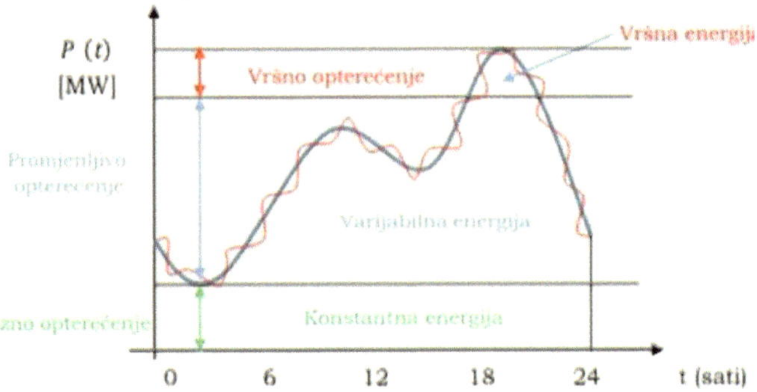

Slika 2: Dijagram opterećenja sa naznačenim karakterističnim veličinama [1]

1.3. Industrijski potrošači

Svi potrošači su okarakterisani svojim dijagramima opterećenja, odnosno pokazateljima koji opisuju te dijagrame [1]. Kao što je već navedeno, zbog brojnosti pojedinačnih potrošača oni se grupišu u odvojene kategorije potrošnje sa istim ili sličnim fizičkim karakteristikama. Jedna od tih kategorija su upravo ***industrijski potrošači***.

Osnovna veličina za proračun električnih opterećenja industrijskih potrošača je naznačena snaga prijemnika električne energije. Naznačena aktivna snaga motora P_n predstavlja snagu koju motor razvija na osovini pri nominalnom naponu, pri čemu se aktivna snaga koju motor uzima iz mreže dobija kada se naznačena snaga podijeli da naznačenim stepenom korisnog dejstva (P_n/η_n) [2]. Naznačena aktivna snaga grupe od n prijemnika je suma naznačenih aktivnih snaga pojedinih prijemnika:

$$P_n = \sum_{i=1}^{n} P_{ni} . \tag{5}$$

Naznačena reaktivna snaga je ona reaktivna snaga koju prijemnik uzima iz mreže pri naznačenoj aktivnoj snazi [2]. Naznačena reaktivna snaga grupe prijemnika jednaka je algebarskom zbiru naznačenih reaktivnih snaga pojedinih prijemnika:

$$Q_n = \sum_{i=1}^{n} Q_{ni} . \tag{6}$$

Srednja aktivna i reaktivna snaga grupe prijemnika za određeni vremenski period t, mogu se odrediti iz pokazivanja brojila aktivne i reaktivne energije:

$$P_{sr} = \frac{W_a}{t} , \tag{8}$$

$$Q_{sr} = \frac{W_r}{t} . \tag{9}$$

gdje su W_a i W_r aktivna i reaktivna energija utrošene u toku vremena t.

Ova srednja opterećenja određuju se za najopterećeniju smjenu, pri čemu je najopterećenija smjena ona koja ima najveću potrošnju električne energije, gledano za grupu prijemnika za odabrani karakteristični dan. Za karakteristični dan se uzima onaj u kojem je potrošnja električne energije približno jednaka srednjoj potrošnji električne energije za jedan radni dan posmatranog vremenskog perioda [2]. Pogon industrijskih potrošača je od posebnog interesa operatorima sistema zbog upravljanja sistemom, ali i snabdjevačima [1].

1.4. Osnovne informacije o industrijskom potrošaču „Zalmo“ d.o.o. Mostar

Preduzeće „ZALMO“ d.o.o. osnovano je 1973. godine kao porodični biznis [4]. U nastavku su dati osnovni podaci o ovom preduzeću. „ZALMO“ d.o.o. se bavi izradom protuprovalnih i protupožarnih vrata, pri čemu je glavni kooperant firma Stall Sweden. Pored toga, bavi se i izradom školskog namještaja, svih vrsta plastenika, ograda od metala, a također pruža i usluge plastificiranja.

Tabela I: Osnovni podaci o preduzeću

	Direktor:	Haris Beganović
	Sjedište firme:	Ulica Hamida Vuka 27, Mostar
	Adresa proizvodnje:	Bijelo Polje b.b.
	Prodajni saloni:	Mostar, Sarajevo, Banja Luka

2. OSNOVNI POTROŠAČI ELEKTRIČNE ENERGIJE VEĆIH SNAGA U PROIZVODNOM PROCESU

U ovom dijelu dat je pregled najznačajnijih i, po snazi gledamo, najvećih potrošača električne energije u jednom proizvodnom procesu koji se ujedno mogu naći i u industrijskom potrošaču „ZALMO" d.o.o. Detaljno je, zajedno sa slikama, objašnjeno ono što svaki od ovih potrošača radi. Također, dat je i broj takvih potrošača unutar industrijskog potrošača „ZALMO" d.o.o. i koji su nazivni podaci pojedinih potrošača.

Hidraulična presa je mašina koja radi na principu Paskalovog zakona za fluide. Ova mašina omogućuje da se primjenjena sila (F_1) na pogonskom cilindru preko fluida pretvori u veću silu (F_2) te da se sila poveća onoliko puta koliko je površina gonjenog hidrauličkog cilindra (A_2) veća od površine pogonskog hidrauličkog cilindra (A_1).

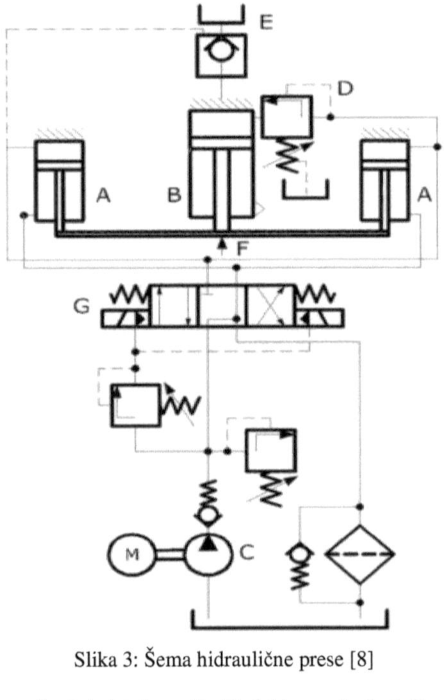

Slika 3: Šema hidraulične prese [8]

Na šemi su oznakom A označeni dodatni manji cilindri brzog hoda koji omogućavaju brzo kretanje prese prema dole, čime se smanjuje kapacitet hidrauličke pumpe koja je označena oznakom C. Za punjenje glavnog cilindra označenog oznakom B koriste se tzv. ventili za punjenje (D). Glavni cilindar puni se samo s jedne strane, dok je druga povezana s atmosferskim zrakom. Sa oznakom E je označen spremnik fluida iz kojeg u glavni cilindar dotiče fluid. Kad alat prese nalegne na izradak, povećava se opterećenje prese (sila *F*), pa pritisak fluida u sistemu raste. Tada se otvara tlačni uključni ventil (G), pa sva tri cilindra dolaze pod puni pritisak. Daljnje kretanje prema dolje vrši se pomoću sva tri cilindra. Povratno kretanje prese obavlja se u potpunosti pomoću cilindara brzog hoda. Industrijski potrošač „ZALMO" d.o.o. raspolaže sa dvije hidraulične prese snage veće od 10kW.

Stubna bušilica je alat u koji se ugrađuje sjekuća alatka, u većini slučajeva burgija, koja služi za izradu rupa u raznim materijalima. Kod izrade konstrukcija, montaže, sastavljanja dijelova mašina ili izradi predmeta, uvijek se mora izbušiti rupa, pa tek onda ubaciti šraf, klin, ili uže. Bušilice postoje od najjednostavnijih ručnih bušilica do koordinatnih ili brojčano upravljivih bušilica.

Slika 4: Primjena stubne bušilice [10]

Stubna bušilica se izrađuje s okruglim stubom za manje prečnike bušenja ili sa sandučasto oblikovanim stalkom za veće dubine i prečnike bušenja. Podložna ploča se kod stubnih bušilica pričvršćuje na temelje. Za prenos snage se koristi višeosovinski zupčasti prenosnik. Radni sto se visinski pomjera i moguće ga je, kod bušilica s okruglim stubom, zakretati. Industrijski potrošač „ZALMO" d.o.o. raspolaže sa tri stubne bušilice snage do 1kW, sa mogućim podešavanjem brzine okretanja.

Tokarski strug radi na principu obrade metala skidanjem čestiva kojim se proizvode obraci rotacijskih površina (valjkasti proizvodi). Površine nakon obrade skidanjem čestica, ma kako ona bila fina i precizna, nisu savršeno glatke. Strugotina je odsječeni dio materijala koji može prema strukturi imati tri oblika: lomljena (mrvičasta) strugotina, nasječena (rezana) strugotina i tekuća (trakasta) strugotina. Neki oblici strugotine su povoljni u proizvodnji, dok drugi otežavaju rad, te ih je dobro tokom obrade usitnjavati ili lomiti.

Prema postupcima tokarenja potrebno je koristiti odgovarajuće tokarske noževe. Tokarski nož se razvijao tijekom dugog razdoblja i stalno se usavršava. Danas se za izradu tokarskih noževa koriste brzorezni čelik, tvrdi metal, kermet, keramika, CBN, umjetni dijamant i drugi materijali.

Slika 5: Završno tokarenje [9]

Univerzalni tokarski strugi ima elektromotorni pogon (trofazni asinhroni kavezni motor). Industrijski potrošac „ZALMO" d.o.o. raspolaže sa dva tokarska struga snage 7.5kW.

Kružna pila je mašina koja služi za rezanje ili urezivanje metala ili drugih čvrstih materijala. Ovisno o kretanju reznog lista dijele se na linijske i kružne. Kružne pile mogu biti radijalne (cirkulari) ili aksijalne (krunske). Kod radijalnih kružnih pila, kao alat za piljenje metalnih predmeta ne izvode se izvinuća zubaca, nego se ploča stanjuje prema sredini. Brzine rezanja ovise o materijalu koji se pili i načinu na koji se pili. Nalaze se u tablicama ili karakteristikama proizvođača. Kreću se od nekoliko [o/min] do nekoliko hiljada [o/min]. Industrijski potrošač „ZALMO" d.o.o. raspolaže sa kružnom pilom snage oko 1kW sa manjom brzinom okretanja, tako da je vjerovatnoća pojave iskrenja jako mala. Pila je opremljena i sa zakretnom stegom koja omogućava zakretanje reznog lista do ugla 45°.

Mašine za savijanje cijevi obavljaju postupak obrade metala bez skidanja čestica, kod kojeg se ravna cijev savija za neki ugao. Pri tome je moguće da se poprečni presjek cijevi potpuno zatvori. Alatni strojevi za savijanje cijevi moraju održati nakon savijanja konstantni presjek cijevi. Promjeri cijevi koje se savijaju su okruglih, pravougaonih, kvadratnih, ovalnih i drugih profila, šipke, trake i slično. Savijačice su opremljene hidrauličkim pogonom, kojim se kontrolira stezanje cijevi, savijanje i pozicioniranje alata s velikom preciznošću. Industrijski potrošač „ZALMO" d.o.o. raspolaže sa tri mašine za savijanje cijevi, koje se koriste u zavisnosti kakav profil cijevi se savijaju.

Mašine za zavarivanje spajaju dva ili više, istorodnih ili raznorodnih materijala, taljenjem ili pritiskom, sa ili bez dodavanja dodatnog materijala, na način da se dobije homogeni zavareni spoj. Sve do kraja 19. stoljeća, jedino je bilo poznato kovačko zavarivanje, s kojim su kovači stoljećima spajali željezo i čelik grijanjem i udaranjem čekića. Elektrolučno zavarivanje i plinsko zavarivanje kisikom su bili među prvim postupcima koji su se razvili u 20. stoljeću. Nakon toga su se razvili mnogi procesi, ali među najzastupljenijim je postalo ručno elektrolučno zavarivanje, odnosno zavarivanje metala taljenjem. Dio koji se zavaruje obično je pljosnat, dok je elektroda štapičasta. Ako se elektroda ne tali (ugljena, volframova), zavarivati se može bez dodavanja ili sa dodavanjem materijala. Pri zavarivanju taljivom elektrodom, ona je ujedno dodatni materijal (obično istorodan sa osnovnim materijalom koji se zavaruje). Dodatni materijal i elektrode za elektrolučno zavarivanje (i druge načine zavarivanja) su standardizirani za pojedine načine zavarivanja i prema vrsti osnovnog materijala. Električna struja koristi se da pokrene električni luk, između osnovnog materijala i potrošnih elektroda, čija obloga stvara zaštitu zavara od oksidacije i zagađivanja stvaranjem ugljikovog dioksida. Nazivne prividne snage aparata su 7.9 [kVA], uz faktor snage $\cos\varphi = 0.81$.

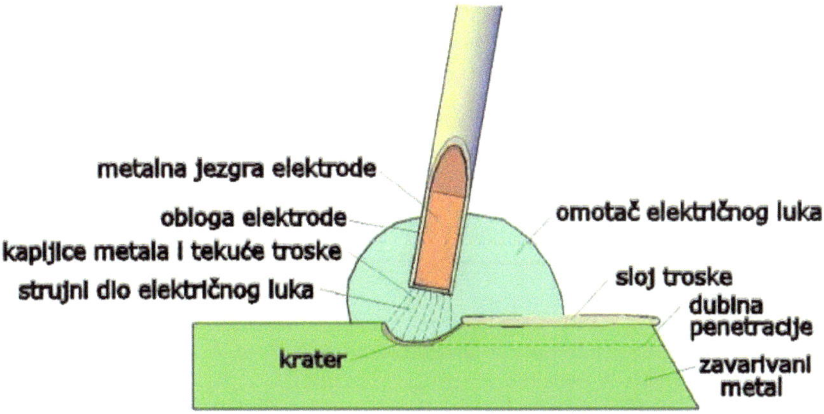

Slika 6: Zavarivački električni luk [7]

Pored prethodno opisanih mašina, industrijski potrošač „ZALMO“ d.o.o. raspolaže i sa mašinom za sječenje metala snage 15 [kW], presom za usijecanje snage 4 [kW], strojem za izbijanje metala snage 5.5 [kW], dvostranom brusilicom, aparatom za električno plastificiranje, glodalicom te ostalom aparaturom manje snage.

3. ANALIZA INDUSTRIJSKOG POTROŠAČA „ZALMO“ d.o.o.

U ovom dijelu projektnog zadatka dat je detljan pregled i analiza dobijenih podataka potrošnje električne energije industrijskog potrošača „ZALMO“ d.o.o. smještenog u Mostaru. Također, dati su dijagrami opterećenja za vremenski period od 01.03.2016. do 01.03.2017. godine. Uz analizu tih dijagrama dat je prijedlog načina kojim bi se mogla poboljšati potrošnja električne energije ovog industrijskog potrošača.

3.1. Analiza izmjerenih podataka

Koristeći se programskim paketom MATLAB, te uz dobivene izmjerene podatke za period od marta 2016. godine do februara 2017. godine (period godine dana), izvršena je analiza posmatranog industrijskog potrošača „ZALMO“ d.o.o. Koristeći se [5], dobivene su informacije u koju tarifnu grupu spada potrošač (druga tarifna grupa), te obračunske periode niske i visoke tarife, kao i cijene električne energije za te vremenske periode (izražene u [fening/kWh]). Obrađivanjem dobivenih informacija, dobili smo slijedeće podatke:

$$P_{vt} = 33506,323 \quad [kWh],$$

$$P_{nt} = 30809,615 \quad [kWh],$$

$$C_{vt} = 6033,2 \quad [KM],$$

$$C_{nt} = 2775,6 \quad [KM],$$

pri čemu je:

- P_{vt} – ukupna vrijednost utrošene aktivne snage za vrijeme visoke tarife.
- P_{nt} – ukupna vrijednost utrošene aktivne snage za vrijeme niske tarife.
- C_{vt} – novčana vrijednost električne energije za visoku tarifu.
- C_{nt} – novčana vrijednost električne energije za nisku tarifu.

Poređenjem računa koje je obezbijedio vlasnik firme „ZALMO“ d.o.o., rezultati se poklapaju (uz oduzimanje naknade za mrežarinu, naplate mjernog mjesta i zateznih kamata). Ukupno, dobijeno je da je ukupna plaćena električna energije za godišnji period u visokoj i niskoj tarifi iz C_{vt} i C_{nt}:

$$C_{uk} = 8808,8 \quad [KM] \tag{3.5.}$$

Gdje C_{uk} predstavlja ukupnu plaćenu cijenu električne energije. Uslijed dobivenih računa električne energije, formiran su dijagrami računa električne energije (Slika 7.), kao i dijagrami maksimalne aktivne (Slika 8.) i reaktivne snage (Slika 9.).

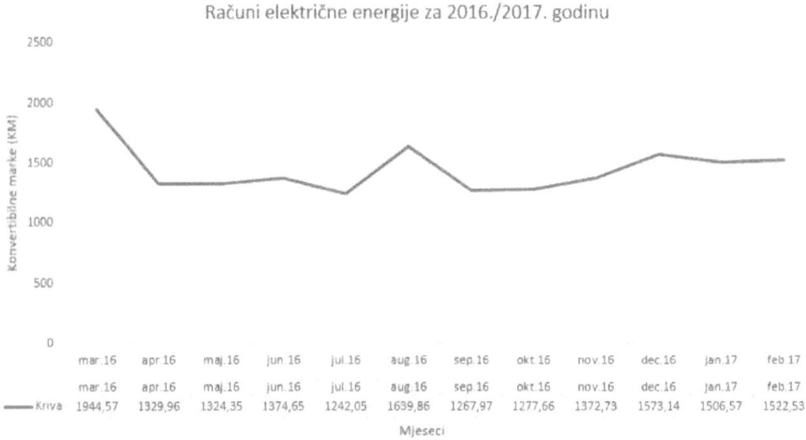

Slika 7: Dijagram računa električne energije za 2016./2017. godinu

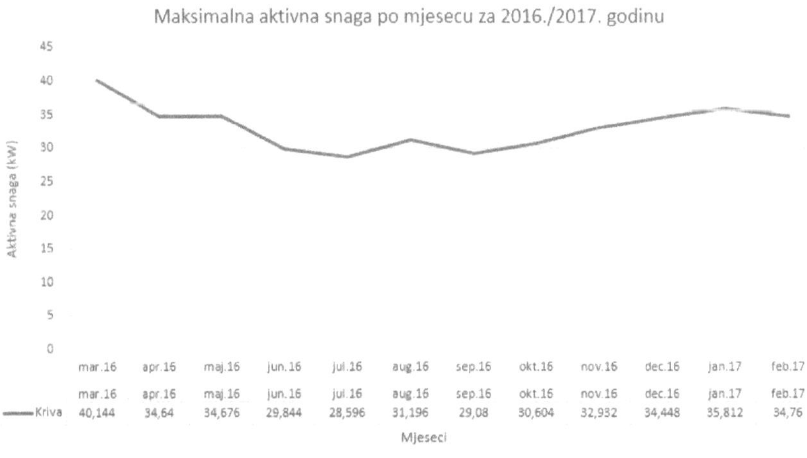

Slika 8: Dijagram maksimalne vršne aktivne snage za 2016./2017 godinu

Na dijagramu sa Slike 9. vidi se da su maksimalne vrijednosti reaktivne snage više od maksimalnih vrijednosti aktivne snage. To se dešava iz razloga što se, prilikom pokretanja motora za rad, iz sistema povlači znatna količina reaktivne energije. Analiziranjem računa, može se zaključiti da ovaj industrijski pogon nema problema sa prekomjernom reaktivnom energijom (koja se dodatno plaća).

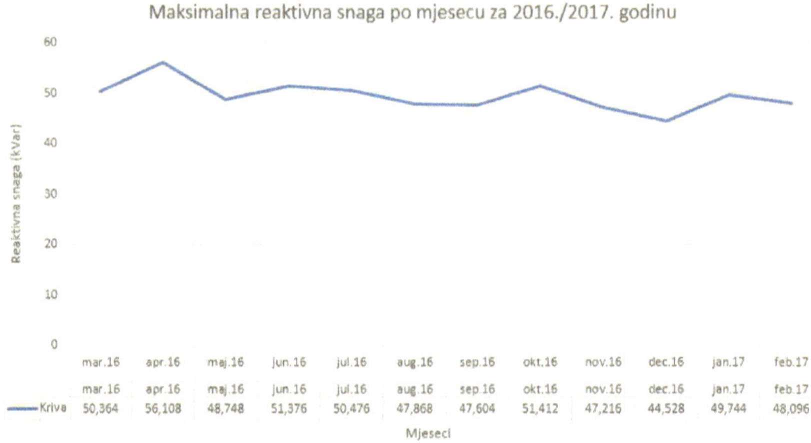

Slika 9: Dijagram maksimalne vršne reaktivne snage za 2016./2017. godinu

Obrađivanjem petnaestominutnih mjerenja aktivne energije, formirani su mjesečni dijagrami potrošnje i prikazani na Slikama 10. do 21.

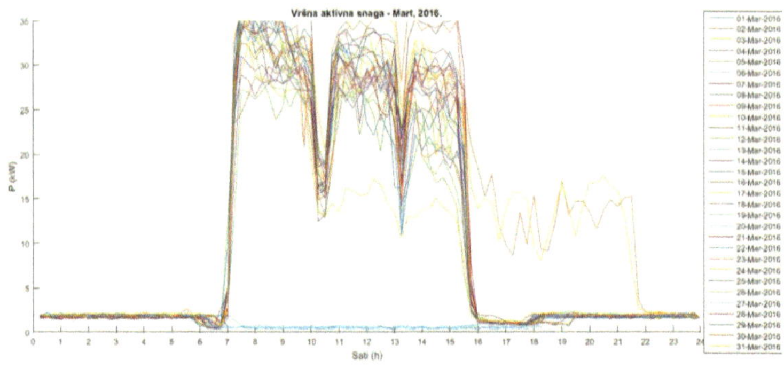

Slika 10: Mjesečni dijagram potrošnje električne energije – Mart 2016. godine

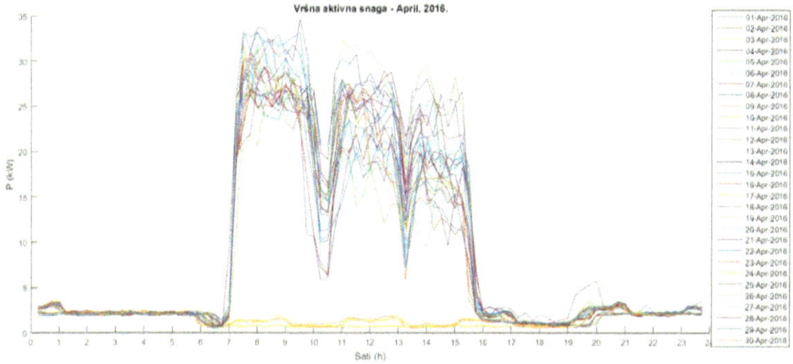

Slika 11: Mjesečni dijagram potrošnje – April 2016. godine

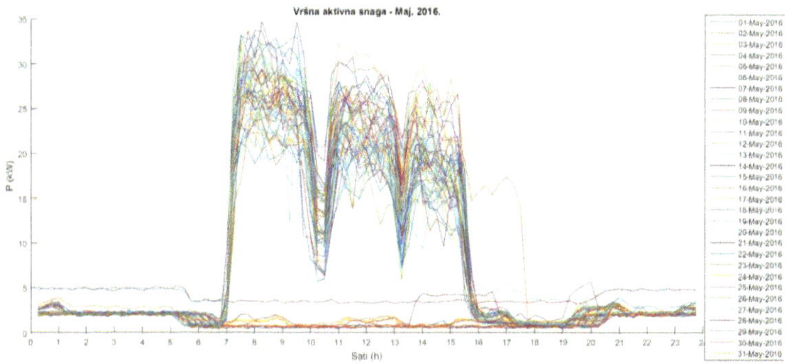

Slika 12: Mjesečni dijagram potrošnje – Maj 2016. godine

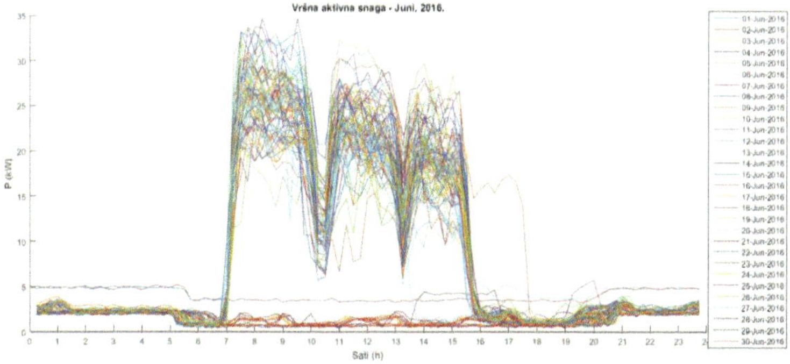

Slika 13: Mjesečni dijagram potrošnje – Juni 2016. godine

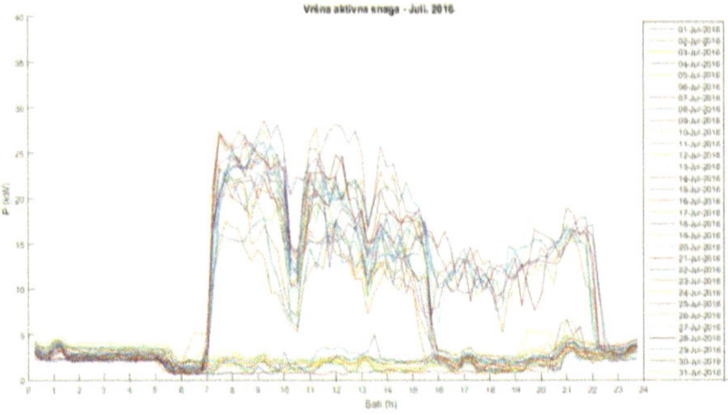

Slika 14: Mjesečni dijagram potrošnje – Juli 2016. godine

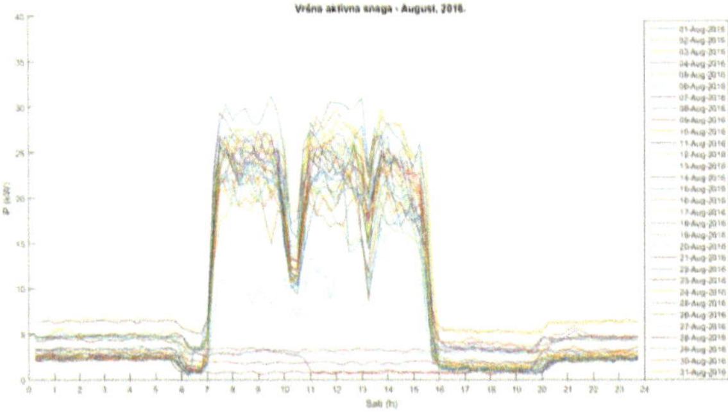

Slika 15: Mjesečni dijagram potrošnje – August 2016. godine

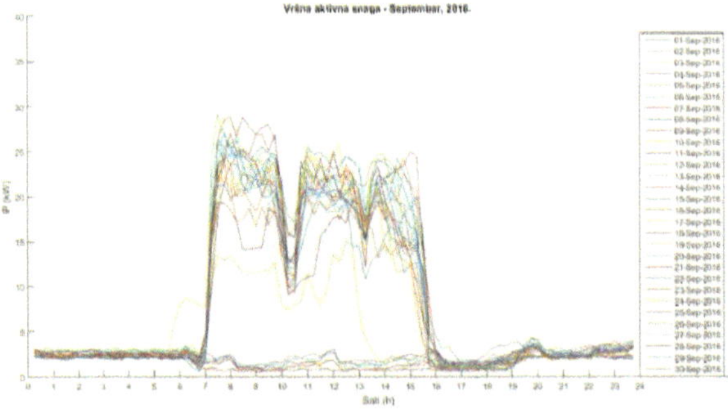

Slika 16: Mjesečni dijagram potrošnje – Septembar 2016. godine

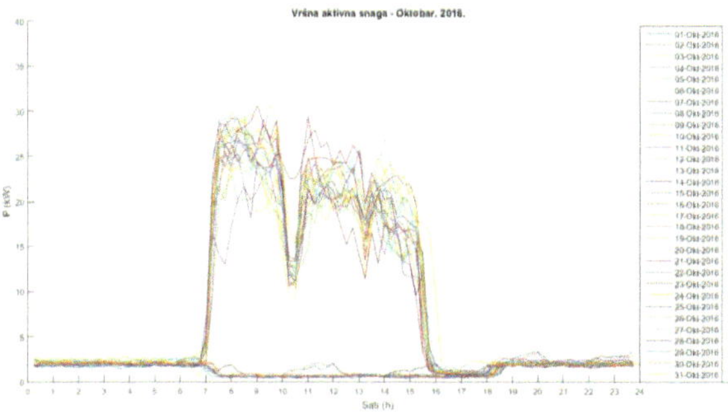

Slika 17: Mjesečni dijagram potrošnje – Oktobar 2016. godine

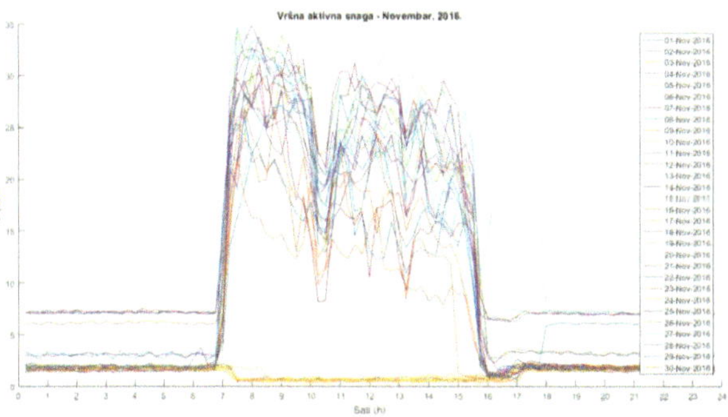

Slika 18: Mjesečni dijagram potrošnje – Novembar 2016. godine

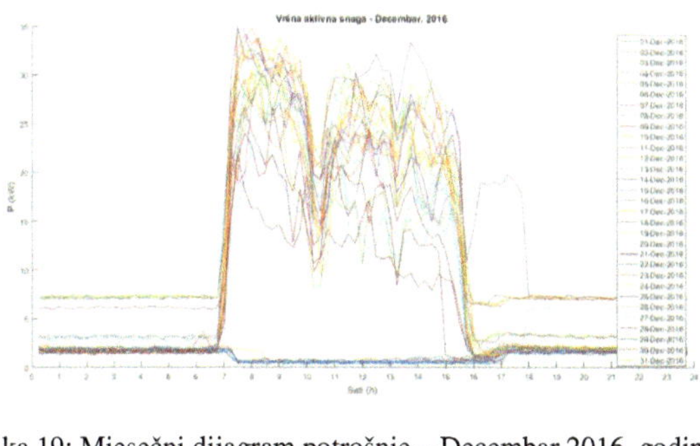

Slika 19: Mjesečni dijagram potrošnje – Decembar 2016. godine

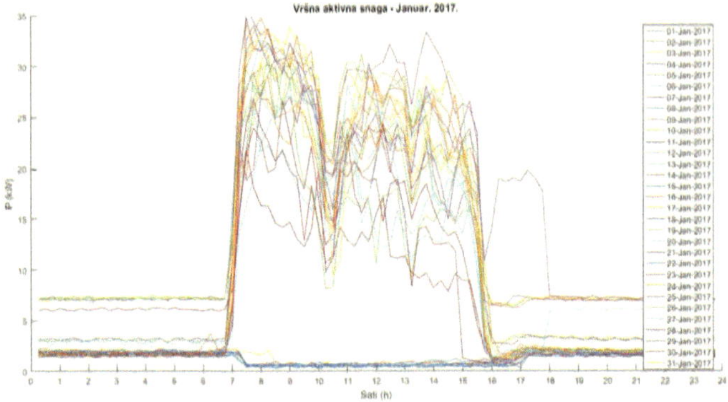

Slika 20: Mjesečni dijagram potrošnje – Januar 2017. godine

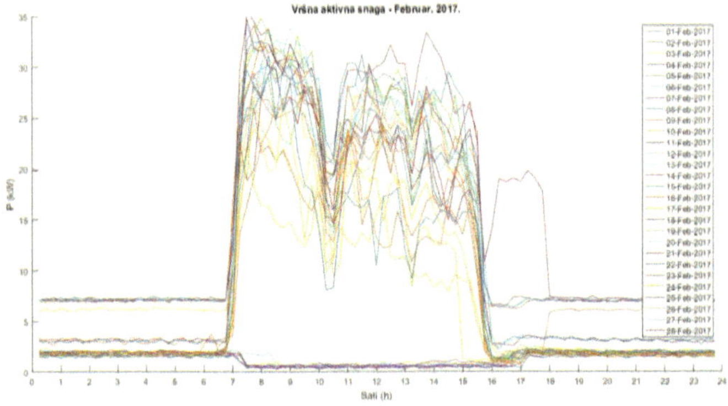

Slika 21: Mjesečni dijagram potrošnje – Februar 2017. godine

Sa mjesečnih dijagrama potrošnje se može zaključiti nekoliko stvari o radu posmatranog potrošača. Naime, industrijski potrošač svoj radni proces ostvaruje za vrijeme prve smjene, traje od 8:00 do 16:00. Nakon toga, sva potrošnja električne energije, koja traje nakon radnog vremena, tokom noći i do idućeg dana (iduće smene), se bazira na uređaje koje služe za zaštitu, alarme, video nadzor, vanjsku rasvjetu, LED reklamu i uređaje koje rade tokom noći (frižider, aparat za kafu, itd.). Nedjelja je neradni dan, a subotom se pretežno radi, zavisno od potražnje za proizvodima. Pored toga, u periodima radnih dana, može se primijetiti da su pauze radnika u periodu od 10:30 do 11:00 i od 13:30 do 14:00, te da potrošnja industrijskog potrošača ovisi od potražnje proizvoda (koliko je električnih aparata i mašina istovremeno priključeno na napajanje).

3.2. Predložene mjere za upravljanje potrošnjom električne energije

Za analizu potrošača, uzet je jedan dnevni dijagram potrošnje (Slika 22.) koji je približan svim ostalim danima za posmatranog potrošača.

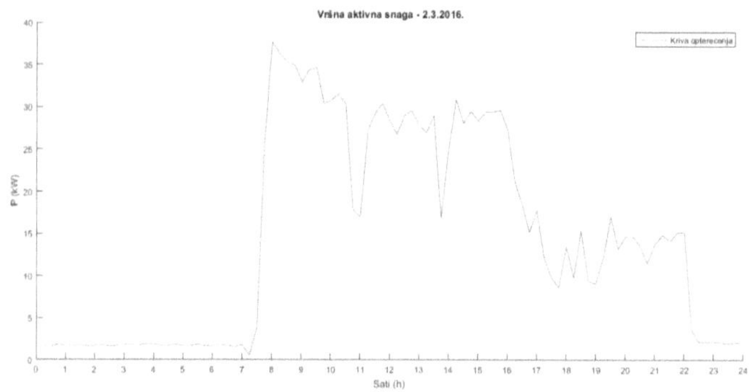

Slika 22: Vršne aktivne snage za prosječan radni dan – 02.03.2016. godine

Sa posmatranog dijagrama, može se zaključiti da se proizvodni proces izvršava u prvoj smjeni, koja počinje od 8:00 i završava oko 16:00. Radnici ovog industrijskog potrošača prave pauze u periodu između 10:30 i 11:00, kao i 13:30 i 14:00. Nakon prve smjene, mašine koje učestvuju u proizvodnom procesu se gase i posmatrani potrošač koristi električnu energiju za vanjsku rasvjetu, alarme, računare za video nadzor, frižider i aparat za kafu. Iz prethodno napisanog, može se zaključiti da postoji mogućnost za uštedu električne energije u nekoliko koraka. Ti koraci su:

- Pomjeranje proizvodnog procesa u vrijeme niske tarife;
- Zamjena postojećih sijalica sa LED rasvjetom;
- Isključivanje aparata koji se ne koriste tokom noći.

Prvi prijedlog se bazira na pomjeranju proizvodnog procesa. Naime, kao što se vidi sa Slike 22., najveća količina električne energije se upravo troši u periodu visoke tarife (od 8:00 do 10:30). Jedan od prijedloga je da se čitav proizvodni proces pomjeri ranije, tačnije da proizvodni proces počinje u 6:00. Razlog toga jeste što će se vršna snaga u tom slučaju trošiti za period niske tarife. Najbolji prijedlog bi bio da proizvodni proces počne u 13:00, jer bi se prema tome najviša vrijednost vršne snage trošila za period niske tarife, ali to ne bi bilo prihvatljivo zbog radnog vremena radnika. Prvi prijedlog je prihvativiji zbog toga.

Drugi prijedlog je prijedlog zamjene postojećih sijalica koji služe za vanjsku rasvjetu sa LED rasvjetom, koja za svoj rad troši manje električne energije. Tačnije, za vanjsku rasvjetu se koristi 5 konvencionalnih sijalica sa ukupnom potrošnjom od 1000 (W) (5 sijalica po 200 (W)). Kao njihov ekvivalent bi se mogla koristiti LED rasvjeta. Proizvođači LED rasvjete izražavaju potrošnju rasvjete preko ekvivalentne nazivne snage klasičnih sijalica. Tačnije, za 200 (W) klasičnih sijalica odgovara T28 tip LED rasvjete, koji osigurava istu količinu lumena rasvjete, a troši prosječno 36 (W), zavisno od proizvođača. Iz ovih informacija, može se zaključiti da se potrošnja vanjske rasvjete sa 1000 (W) može zamijeniti sa 180 (W). Naravno, predložena izmjena zahtjeva investiciju. Cijena jedne LED sijalice T28 košta oko 119 KM, te bi ukupna investicija koštala 595 KM. Ne bi bili potrebni dodatni radovi za priključenje na mrežu, je sijalice T28 koriste standardizirana sijalična grla. Pored toga, preporučuje se korištenje LED rasvjete, iz razloga što je vijek trajanja jedne sijalice 36 godina [6].

Slika 23: Predložene LED sijalice za rasvjetu

Treći prijedlog je da se tokom noći isključuju električni aparati koji se ne koriste tokom noći. Analizom potrošača koji su aktivni tokom noći, jedini uređaj koji nije potreban za rad tokom noći je aparat za kafu (Slika 24.)

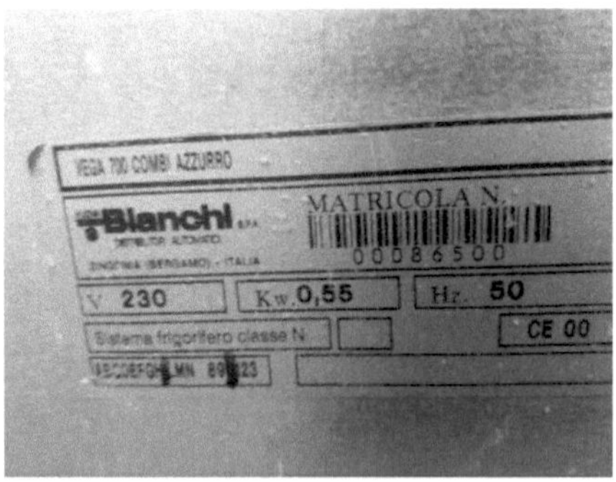

Slika 24: Natpisna ploča aparata za kafu

Sa Slike 24. se može primijetiti da je nazivna snaga aparata 0,55 [kW]. Aparat za kafu bi se trebao gasiti tokom noći, nakon završetka smjena i ponovo paliti sa početkom smjene. Sa svim ovim prijedlozima, može se rekonstruisati novi dnevni dijagram potrošnje (Slika 25):

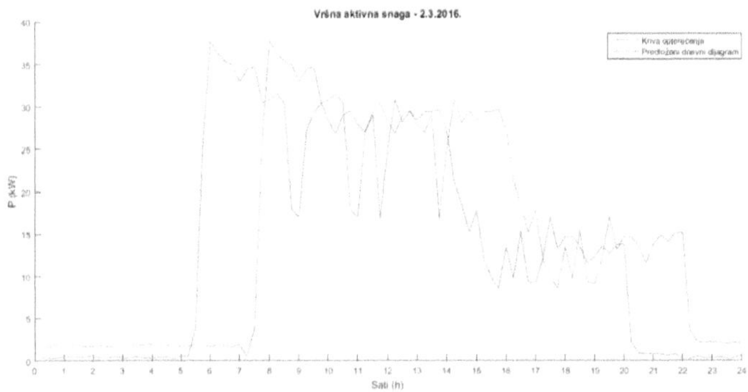

Slika 25: Postojeći i predloženi dijagram opterećenja

Na Slici 25. se može primijetiti da se periodi vršne snage nalaze u periodu niske tarife, te da se za period tokom noći ostvaruje manja potrošnja. Da bi se dobili podaci o tome koliko je zapravo ušteđeno energije, potrebno je proračunati koliko se snage potrošilo u periodu visoke i niske tarife za oba slučaja, te zatim porediti dobivene vrijednosti. Pomoću programskog paketa MATLAB, te koristeći se istom metodom proračuna kao u poglavlju 3.1., dobivaju se vrijednosti:

$P_{vts} = 237,264 \quad [kWh]$,

$P_{vtp} = 213,685 \quad [kWh]$,

$P_{nts} = 110,448 \quad [kWh]$,

$P_{ntp} = 119,9845 \quad [kWh]$,

pri čemu su:

- P_{vts} – Stvarna potrošena električna energija za vrijeme visoke tarife.
- P_{vtp} – Predložena vrijednost potrošene električne energije za vrijeme visoke tarife.
- P_{nts} - Stvarna potrošena električna energija za vrijeme niske tarife.
- P_{ntp} - Predložena vrijednost potrošene električne energije za vrijeme niske tarife.

Kao što se može vidjeti iz dobivenih vrijednosti, sa prijedlogom za potrošnju električne energije, manja količina električne energije je potrošena za vrijeme visoke tarife, dok je više električne energije potrošeno za vrijeme niske tarife. Na taj način, ostvarena je ušteda. Da bi se procijenila ukupna vrijednost uštede vrijednosti električne energije, preračunava se procentualna vrijednost uštede iz posmatranog dana, te se ta vrijednost može primijeniti na čitavu godinu. Ukupno, za posmatrani dan, stvarno je potrošeno električne energije u vrijednosti od 52,6727 KM, dok je prema prijedlogu potrošeno 49,2862 KM:

$$C_p = 48,2862 \quad [KM],$$

$$\Delta C_{\%} = \frac{C_p}{C_s} \cdot 100\% = 6,4294 \quad \%, \tag{10}$$

$$C_{ust} = \frac{\Delta C_{\%} \cdot C_{uk}}{100\%} = 566,353 \quad [KM], \tag{11}$$

pri čemu su:

- C_s – Stvarna vrijednost utrošene električne energije za posmatrani dan.
- C_p – Predložena vrijednost utrošene električne energije za posmatrani dan.
- $\Delta C_{\%}$ - Relativna procentualna vrijednost ušteđene električne energije za posmatrani dan.
- C_{ust} – Procijenjena vrijednost ušteđene električne energije na godišnjem nivou.

Koristeći se proračunom iz relacije (10) i novčane vrijednosti ukupne utrošene električne energije C_{uk}, dobivena je procijenjena vrijednost uštеđene električne energije na godišnjem nivou. Iz ovoga, može se primijetiti da bi se investicija za LED rasvjetom isplatila za godinu dana, a vijek trajanja LED rasvjete je 36 godina. Znači da bi se za njihov radni vijek uštedila značajna količina novca, pored uticaja na dnevni dijagram potrošnje.

4. ZAKLJUČAK

Prema analizi i obradi podataka kroz Potpoglavlja 3.2. i 3.3., može se zaključiti da se za posmatrani industrijski potrošač „ZALMO“ d.o.o. može izvršiti efektivnije iskorištenje električne energije uz standardne prijedloge za analizu potrošnje. Naravno, postoji još mnogo načina za efektivnijim iskorištenjem električne energije, kao što su dodatna investiranja u savremenije mašine za rad, pomjeranje dnevnog dijagrama potrošnje u drugo vrijeme (da smjena počne sa radom u 13:00, tako da se najveći dio dnevne potrošnje nalazi u vremenu niske tarife) radi veće uštede, promjena radnog procesa tako da ne ovisi od faza u proizvodnji (na taj način bi se mašine mogle koristiti u vremenima niske tarife), i tako dalje. Takvi prijedlozi su mogući, no problem je u pristanku na nestandardno radno vrijeme, dodatne značajne investicije i drugi problemi. Na osnovu jednostavnih promjena u radu, ostvarena je ušteda i uticaj na dnevni dijagram potrošnje, pomoću kojeg je primjetno ostvarena ušteda za potrošača, kao i doprinos elektroprivrednim kompanijama u vidu potražnje električne energije u vremenima kada je niska tarifa, radi jednostavnijeg upravljanja sistemom i uticaj na dnevni dijagram potrošnje čitave mreže.

PRILOG

Kodovi korišteni za crtanje dijagrama u programskom paketu MATLAB:

```
t = datum(1);
a = 1;
b = 1;
c = 1;
d = 1;
maksimalni_aktivni = P(1);
maksimalni_reaktivni = Q(1);

maksimalna_aktivna_snaga = zeros(0);
maksimalna_reaktivna_snaga = zeros(0);
mjeseci = zeros(12,31,99);
for i=1:length(P)

    if month(datum(i)) == month(t)
        if day(datum(i)) == day(t)
            mjeseci(a,b,c) = P(i);
            c = c+1;
            if P(i) >= maksimalni_aktivni
                maksimalni_aktivni = P(i);
            end
            if Q(i) >= maksimalni_reaktivni
                maksimalni_reaktivni = Q(i);
            end
        else
            c = 1;
            b = b+1;
            t = datum(i);
            i=i-1;
        end
    else
        c = 1;
        b = 1;
        a = a+1;
        t = datum(i);
        maksimalna_aktivna_snaga(d) = maksimalni_aktivni;
        maksimalna_reaktivna_snaga(d) = maksimalni_reaktivni;
        d = d+1;
        maksimalni_aktivni = P(i);
        maksimalni_reaktivni = Q(i);
        i = i-1;
    end
end
```

```
Wuk = (sum(P)*15)/60;

suma_visoke_tarife = 0;
suma_niske_tarife = 0;
for i=1:length(P)

   t = datum(i);
   if t>datetime(2016,3,01)| t<datetime(2016,10,31)
      if weekday(t) == 1
         suma_niske_tarife = suma_niske_tarife + P(i);
      elseif (hour(t)>=0 & hour(t)<=8)| (hour(t)>=14 & hour(t)<=17) | (hour(t)>=23 & hour(t)<=24)
        suma_niske_tarife = suma_niske_tarife + P(i);
      end

   else
     if weekday(t) == 1
         suma_niske_tarife = suma_niske_tarife + P(i);
     elseif (hour(t)>=0 & hour(t)<=7)| (hour(t)>=13 & hour(t)<=16) | (hour(t)>=22 & hour(t)<=24)
        suma_niske_tarife = suma_niske_tarife + P(i);
     end

   end


end

suma_visoke_tarife = sum(P)-suma_niske_tarife;
suma_visoke_tarife = suma_visoke_tarife/4;
suma_niske_tarife = suma_niske_tarife/4;

cvt = 1.17*0.1539;
cnt = 1.17*0.077;

visoka_tarifa = suma_visoke_tarife * cvt;
niska_tarifa = suma_niske_tarife * cnt;

Funkcija_za_plotanje_dijagrama(mjeseci, 1);

%Uredjivanje dijagrama


   set(gca, 'XTick', [0 4 8 12 16 20 24 28 32 36 40 44 48 52 56 60 64 68 72 76 80 84 88 92 96 100])
   set(gca,                                                                        'XTickLabel',
{'0','1','2','3','4','5','6','7','8','9','10','11','12','13','14','15','16','17','18','19','20','21','22','23','24',''});

   axis([0 96 0 35]);
```

```
% Create xlabel
xlabel('Sati (h)');

% Create ylabel
ylabel('P (kW)');

% Create title
title('Vršna aktivna snaga - Mart, 2016.');

D=01:31;
M=03;
Y=2016;
dat=datetime(Y, M, D);

DateString=datestr(dat);

legend(DateString);

function  funkcija_za_plotanje_mjeseca( mjeseci, broj_mjeseca )

hold on;
for i=1:31
   for j=1:99
      if mjeseci(broj_mjeseca,i,j) > 0
         dan(j) = mjeseci(broj_mjeseca,i,j);
      end

   end
   plot(dan);

end
```

LITERATURA

[1] T. Konjić, S. Avdaković, Upravljanje potrošnjom električne energije, predavanja, ETF Sarajevo

[2] N. Rajaković, D. Tasić, G. Savanović: „*Distributivne i industrijske mreže*“, Akademska misao, Beograd, 2004.

[3] T. Konjić, Elektroenergetski sistemi, predavanja, ETF Sarajevo

[4] http://www.zalmo.ba/index.php/bs-ba/pocetna

[5] http://www.elektroprivreda.ba/stranica/cijena-elektricne-energije

[6] http://www.westinghouselighting.com/light-bulbs/specialty/36-watt-(200-watt-equivalent)-t28-high-lumen-led-light-bulb-0516200.aspx

[7] https://hr.wikipedia.org/wiki/Zavarivanje

[8] https://hr.wikipedia.org/wiki/Hidrauli%C4%8Dni_tijesak

[9] https://hr.wikipedia.org/wiki/Tokarenje

[10] https://hr.wikipedia.org/wiki/Bu%C5%A1ilica

[11] https://hr.wikipedia.org/wiki/Pila

[12] https://hr.wikipedia.org/wiki/Savijanje_cijevi